● 水稻机械化生产技术丛书

水稻覆膜机插栽培技术图解

张玉屏　陈惠哲　等　著

中国农业科学技术出版社

图书在版编目（CIP）数据

水稻覆膜机插栽培技术图解 / 张玉屏等著. --北京：中国农业科学技术出版社，2022. 10（2023.7 重印）
ISBN 978-7-5116-5958-3

Ⅰ. ①水…　Ⅱ. ①张…　Ⅲ. ①水稻栽培—图解
Ⅳ. ①S511-64

中国版本图书馆CIP数据核字（2022）第 184631 号

责任编辑　崔改泵
责任校对　马广洋
责任印制　姜义伟　王思文

出 版 者　中国农业科学技术出版社
北京市中关村南大街 12 号　　邮编：100081
电　　话　（010）82109194（编辑室）　（010）82109702（发行部）
（010）82109709（读者服务部）
网　　址　https: // castp.caas.cn
经 销 者　各地新华书店
印 刷 者　北京中科印刷有限公司
开　　本　148 mm × 210 mm　1/32
印　　张　1.875
字　　数　42 千字
版　　次　2022 年 10 月第 1 版　　2023 年 7 月第 2 次印刷
定　　价　18.00 元

《水稻覆膜机插栽培技术图解》

著者名单

主　著： 张玉屏　陈惠哲

副主著： 向　镜　张义凯　王亚梁

著　者（按姓氏笔画排序）**：**

王亚梁　王志刚　邢春秋　朱德峰

向　镜　刘嘉仪　宋顺奇　张义凯

张玉屏　陈惠哲　邵铭泉　胡国辉

徐一成　熊家欢

前言

PREFACE

水稻是我国重要的口粮作物，随着社会经济的发展和人们生活水平的提高，水稻生产目标由单一追求高产向追求优质高产并重转变。由于气候变化的加剧，我国水稻生产面临低温冷害、季节性干旱等逆境胁迫，威胁水稻生产和产量平稳提高的目标。同时由于粗放式的水稻生产方式，肥料和农药施用过多，一方面影响稻米品质，另一方面破坏生态环境。20世纪60年代，日本首先探索出水稻覆膜栽培模式并进行示范和推广，我国在20世纪80年代通过交流、学习并引进该项栽培模式，开始利用聚乙烯地膜开展水稻覆膜栽培技术研究。水稻覆膜栽培方式是采用育秧移栽，要求先施肥整田，然后覆膜，在膜上打孔插秧，将水稻秧苗定植于膜下。其中水分管理可分为覆膜旱作和覆膜湿润栽培，改变了以前水稻的淹水栽培环境，这项栽培方式简单易行，且对水稻在恶劣的环境条件下生长有节水增温等诸多好处。因此，本研究团队在国内部分地区进行了推广应用，这项技术在季节性缺水和水稻生长季节会遭遇低温的地区推广示范的效果比较好，也达到了增产增效的预期目标。特别是我国的南方、北方一些缺水地区以及东北冷寒地区稻田应用效果更为显著。但当时使用地膜需人工进行铺膜、打孔、插秧、残膜回收等，不仅增加了生产成本，而且聚乙烯地膜残留对环境造成了污染，加上覆膜带来的节水和增温效应在水热条件优越的水稻种植地区起到的节本增效效果不明显，限制了水稻覆膜栽培的发展应用，这项技术没能像旱地作物覆膜栽培一样大面积推广。近些年，随着有机稻、降解膜和水稻绿色高效生产等概念的出现，水稻覆膜栽培再次受到广泛的关注。为了符合当前水稻生产轻简化和绿色化的趋势，将生物可降解地膜与水稻机插技术相结合，生物可降解膜覆盖机插技术就应运而生，并越来越突出其在减肥减药和降低温室气体排放上的作用，因而，覆膜机插种植开始逐渐成为水稻绿色生态生产的一条有效途径。加上覆膜栽培具有节水抗旱、增温保墒、抑制杂草和防治病虫害等诸多优点，生物可降解膜覆盖机插种植为水稻的绿色生态和高产高效生产提供了新的可能。中国水稻研究所联合相关企事业单位，近年来在水稻生物降解膜覆盖机插技术研究与应用方面做了大量工作。本书图文并茂地介绍了覆膜机插技术特点、技术优势、膜的选择、覆膜机插作业要点、配套栽培技术、常见问题及对策等。本书内容兼顾理论性和实用性，深入浅出，叙述翔实，适宜广大稻农和基层农业技术推广人员学习使用，也可供农业院校相关专业师生阅读参考。

本书相关内容及图片由该技术研究及应用示范的部分单位——中国水稻研究所、黑龙江省建三江管理局浓江农场、吉林省柳河国信社稷尚品农业开发有限公司、河南青源天仁生物技术有限公司等提供。感谢巴斯夫（中国）有限公司对本书技术研究中使用的生物降解膜的供应，感谢国家水稻产业技术体系研发中心、中国农业科学院创新团队、水稻生物学国家重点实验室对本书出版的大力支持。由于我国水稻种植地域差异大、种植制度丰富、品种类型多样、种植方式各异，以及我们的知识限制，书中不足之处在所难免，请广大读者批评指正。

著 者

2022年7月

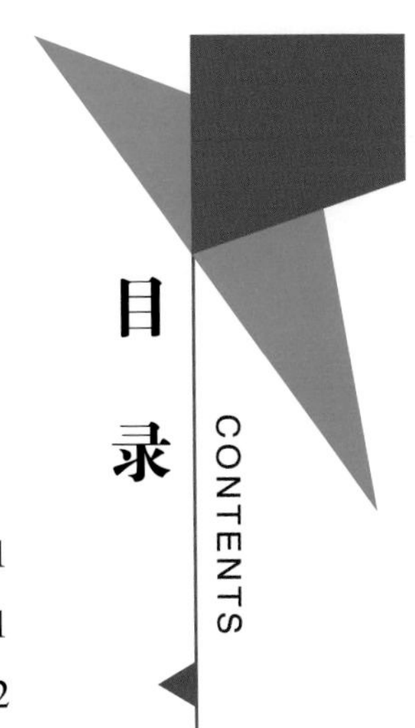

目 录

CONTENTS

第一章 水稻覆膜机插定义与特点

一、水稻覆膜机插定义

水稻覆膜机插技术是在水稻移栽时，将挂有生物可降膜的覆膜机（图1-1）安装在高速插秧机上（图1-2），边覆膜边机插，即覆膜与机插同步进行（图1-3），利用生物降解膜覆盖稻田土壤表面，实现增温、保墒、抑制杂草、减少甲烷气体排放等多种功能的绿色种植技术。

图1-1　覆膜机

图1-2　安装有覆膜机的插秧机

图1-3　覆膜与机插同步

二、水稻覆膜机插特点

1. 覆膜机插能有效满足绿色有机水稻除草难的技术需求

多项研究表明覆膜对解决水稻种植地区干旱缺水、低温等有重要作用。但是该技术需人工铺膜、打孔插秧，聚乙烯膜需要回收操作程序，增加了劳动用工及生产成本，并且不可降解地膜残留对环境造成了污染，从而限制了水稻覆膜栽培的发展应用。随着覆膜机、有机稻、降解膜和水稻绿色高效生产等概念的出现，覆膜机插能破解有机水稻生产关键难题，也为水稻生产上的节水、减肥、减药提供了一种新的技术方法（图1-4）。2021年9月13日农业农村部的农办议〔2021〕412号文件发布，农业农村部将配合有关部门“加强全生物降解地膜替代等技术研发应用，为农业绿色发展提供有力科技支撑，继续推进可降解地膜的评价与推广应用，加大政策扶持力度，加强产品技术跟踪”。该文件的发布为水稻覆膜栽培技术的发展提供了重要的政策支持。

吉林通化

浙江富阳

图1-4　吉林通化和浙江富阳覆膜机插田现场

2. 水稻覆膜机插技术效应明显

水稻覆膜机插技术在生长生产效应方面，能有效抑制杂草生长，促进寒地稻区分蘖早、分蘖多及提高成穗率（图1-5），增产效应可以达到2%～9%，能比常规机插提早成熟3～7天；在资源节约效应方面，覆膜能有效减少除草剂施用，减少氮素损失，提高氮肥利用率，减少化肥施用量，机插返青到穗发育以雨水灌溉为主，节水效应显著；在环境效应方面，能使土壤温度上升2～5℃，减少稻田温室气体甲烷

图1-5　覆膜栽培水稻的早发优势

排放。因此，覆膜机插采用生物降解膜+覆膜机插一体化+配套肥水管理技术，可有效解决污染、人工种植成本问题。如北方稻区覆膜机插能促进水稻早发快长，解决有机稻种植中杂草控制的难题；南方覆膜种植可以减少肥水流失，提高肥水利用率，减少污染，为绿色增效提供技术支撑。

水稻覆膜机插技术的发展

一、覆膜方式的转变

水稻覆膜技术在我国应用多年，自20世纪80年代地膜引入我国，因其良好的节水保墒性，地膜覆盖技术得到了迅速应用。其应用方式经历了由手工覆膜到人力牵引式覆膜，再到机插一体化覆膜3个阶段转变。

早期的覆膜栽培技术比较简单，薄膜是由人工进行覆盖，没有相关配套的机械。在发展节水农业中，水稻采用的覆膜栽培技术是由人工来进行开沟、覆膜、打孔等（图2-1），费时费力，不仅劳动强度大，而且效率低。在大面积应用覆膜技术时，因人工覆膜效率较低，作业强度大，导致水稻插秧延后，影响水稻生长发育。为提高覆膜的效率，国内外研究设计出牵引式覆膜机，主要覆膜方式有三种，分别是定轴被动覆膜、半定心被动覆膜、无定心随动覆膜。牵引式覆膜机结构比较完善，不易产生乱膜和断膜。因此，覆膜方式由传统纯手工覆膜转变为半机械化覆膜——手工牵引式覆膜。虽然牵引式覆膜在一定程度上解决了覆膜效率的问题，但在完成覆膜过程中，人们还是需要不停地在田里行走，会使得稻田不够平整，很容易造成地膜与地面不能够紧密贴合，致使塑料膜不能完全覆盖在地面上，影响效果。因此，为进一步提高效率和解决人工的问题，覆膜方式由人力牵引式覆膜转变为机械化的机械动力牵引覆膜。

图2-1　人工覆膜打孔

近些年，随着水稻机械化种植技术的突飞猛进，研发了水稻覆膜机插一体化栽培技术。该技术是在水稻移栽时，把覆膜装置安装在高速插秧机上，生物可降解膜挂在覆膜装置上，边覆膜边机插，即覆膜与机插同步进行，利用生物降解膜覆盖稻田土壤表面，实现增温、保墒、抑制杂草、减少甲烷气体排放等多种功能的绿色种植技术。该技术能实现覆膜、打孔、机插移栽一次完成，有效地解决了人力物力问题，提高了作业效率（图2-2）。水稻覆膜机插一体化栽培技术虽然一次性解决了覆膜效率、断膜乱膜等覆膜问题，但较水稻常规机插秧相比，该技术对田块的要求较高，田块需要平整。覆膜过程中，由于田块地形、质地的不同，覆膜机需要不断调整，覆膜机插效率比常规机插低。而在高山山地、丘陵地带、种植面积分散等这些不适合应用机械化生产的地区，机械动力牵引覆膜受到一定的限制，人力牵引式覆膜就较为适合这些地区，既满足种植的需求，也符合实际的生产情况。所以，水稻覆膜栽培一体化技术也需不断改进，需根据不同的田间环境做出不同的应对，因地制宜，在覆膜完好的同时提高效率。

图2-2　水稻机械覆膜

二、农用地膜材质的变化

我国地膜使用量自1991年的31.9万t增长到2017年的143.7万t（马兆嵘等，2020），2017年已增长至1991年的4.5倍，年平均增长率达到36.0%。地膜的覆盖面积从1991年的491万hm^2增长到2017年的1 866万hm^2，2017年已增长至1991年的3.8倍，年平均增长率为5.3%。地膜的巨大需求导致了地膜制造业的快速发展。

地膜材质随着塑料工业技术的发展而变化，早期应用于农业生产的地膜都是由聚氯乙烯和聚乙烯组成，同时根据不同的需求，加入不同的染料或试剂制成不同的地膜，如有色地膜、无色地膜、特种地膜等。一般来说，无色地膜因其增温保墒效果明显，多用于春季增温和保墒。有色地膜除增温效果外，由于其对太阳光有不同的反射效果，具有影响害虫生长特性和改善作物品质的功效。但随着覆膜技术的扩大推广，农膜污染变得越发严重，聚乙烯（PE）膜造成了巨大的环境污染问题（图2-3）。2017年国家强制性标准GB 13735—2017《聚乙烯吹塑农用地面覆盖薄膜》颁布，规定使用0.01mm以上地膜及回收农田残膜，地膜污染在一定程度上得到缓解，但这并不能从根本上解决地膜污染的问题。

图2-3　聚乙烯膜白色污染

因此，农用地膜的使用开始朝着绿色可降解方向发展。生产上尝试用不同材质的地膜取代PE膜，棉、麻、纸、纤维等材料制成的地膜不断产生，但由于其本身工艺的特性，并不能有效地取代地膜的作用，因而在后面地膜改进中，先研发了添加式可降解膜，再到完全可降解膜。有研究将降解地膜分为生物可降解膜、光降解膜和化学降解膜。光降解膜中由于农用地膜需要铺设在地下，受到植株的遮光，不利于降解，在生产中有很大的限制。化学降解膜因其添加可降解化学材料，也受到环境和膜本身限制，应用范围不大。生物可降解膜是一类可在微生物的作用下能够将膜完全分解成二氧化碳、水等物质的膜（图2-4），由于其独特的特性越来越受到欢迎，按其降解程度可分为完全可降解膜和部分生物降解膜。

图2-4　生物可降解膜降解

目前，生物可降解膜普遍应用的聚酯材料为PBAT和PLA，Han等研究表明，PBAT薄膜降解与土壤中PBAT降解菌有显著关系，土壤中PBAT降解菌群富集程度和降解关键基因丰度决定了PBAT在土壤中的降解速度。史可等发现PLA可通过微生物、水分、光、热等多种方式实现降解。因此，可降解膜的应用能够有效解决由PE膜所带来的环境问题，具有良好的环境效益和社会效益。部分生物可降解膜是由淀粉、PVA和PLA等可生物降解物质和PE、PS和PP等不可降解石油基聚合物共混制而成。其虽不如完全可降解材料那样能够完全降解，但也能够极大地加快石油基化聚合物分子链的断裂，达到降解的目的。在生产使用过程中，由于可降解膜还存在材料和制作工艺等限制，导致出现了化学性能差、耐水性不好、价格高等问题，这都需进一步研究解决。所以目前来看，生物可降解膜还不能够完全替代常规材质农用地膜的使用，还需进一步进行研究改进。目前农膜的使用将会是不降解、部分降解、完全降解膜三者并存的局面。

三、覆膜需求的转变

在我国，北方稻区水稻生产面临着早期低温的影响，而在南方稻区一些季节性缺水的种植地区，如何提高水分利用效率成为急需解决的问题，这些问题不解决，会极大地限制水稻的生产。自覆膜技术应用在水稻生产上，这些限制因子都得到明显的改善。覆膜水稻种植能够有效地提高土壤温度，且提高水分利用效率（图2-5）。

随着人们生活水平的提高，水稻生产开始由高产向绿色、提质、增效等多目标转变，覆膜水稻栽培技术也开始向新的应用方向转变。诸多试验表明，覆膜水稻种植能够有效地防治杂草、减少氮肥的施用、减少农药的使用，是一项优良的水稻绿色高效生产技术。但由于早期PE膜所导致的环境污染、土壤结构破坏等问题，覆膜水稻发展受到限制。随着地膜材料技术的改进，生物可降解膜的出现使得覆膜水稻栽培技术再次受到广泛的关注。胡国辉等研究表明，生物可降解膜水稻栽培技术能够显著提高水稻产量、减少温室气体排放、提高氮素利用效率等，同时，由于生物可降解膜能在田间完全降解，充分证明了其优质、增产增效、资源高效利用、绿色生态环保的效果。

图2-5　覆盖节水栽培

当前，随着绿色食品、有机稻米等大米商品分类的出现，覆膜水稻栽培技术越来越受到一些农场及稻米企业的欢迎，现在已成为一些特殊环保区域如巢湖、洱海水稻种植的首选方式。在中国水稻研究所和河南青源天仁生物技术有限公司的试验示范基地，黑龙江浓江农场2017—2020年采用该技术，与传统机插对照比较，每公顷平均增产390kg，按照当地有机水稻6.0元/kg，每公顷可增加收入2 340元；减少人工除草费用3 900元，除去膜成本等费用，实现每公顷新增效益1 740元；江苏淮安华萃农业科技有限公司采用该技术，每公顷平均增产147kg，按照当地有机水稻9.0元/kg，每公顷增收1 323元，减少人工除草费用9 000元，除去膜成本等费用5 400元，每公顷新增效益5 223元；该技术具有除草、节水、增温、节肥、提质、增效、降解减排等七大优势，切实将生态绿色、提质、节本、增效落到实处（图2-6）。

图2-6　水稻覆膜机插技术观摩现场

四、水稻覆膜机插经济效益

从表2-1、表2-2看，覆膜减少农资及除草费用，增加插秧及膜的成本费用。膜成本按每公顷4 200元计算，北方水稻生产成本覆膜机插为13 908元/hm^2，比对照减少2 524.5元，节省成本主要是因为有机稻除草需要人工拔草，费用高，而覆膜大大降低了人工除草费用；南方是化学除草，因为有膜的成本，覆膜机插比对照生产成本高306元，但覆膜产量高于对照；2020年北方由于三次台风影响，覆膜机插稻穗大粒多，造成倒伏，机收损失大，产量低于对照，但有机稻价格高于对照，综合纯收益覆膜比对照增收7 416.3元/hm^2；南方水稻产量高，但价格没有优势，综合纯收益覆膜比对照增收447.8元/hm^2。覆膜机插在我国北方种植经济效益较明显，在南方主要是有环保绿色的生态作用。

表2-1 水稻覆膜机插生产成本费用

（单元：元/hm²）

生态区	处理	整田费用	种子费用	育苗工费	插秧工费	农药/除草剂费用	收获费用	农膜费用	肥料费用	用水费	人工除草费	合计
北方	对照	1 200	630	1 125	375	0	1 200	0	2 497.5	2 655	6 750	16 432.5
	覆膜	1 200	630	1 125	630	0	1 200	4 200	1 998.0	1 800	1 125	13 908.0
南方	对照	1 500	1 350	750	1 800	1 800	1 500	0	3 217.5	2 700	1 500	16 117.5
	覆膜	1 800	1 350	750	2 100	300	1 500	4 200	2 398.5	2 025	0	16 423.5

表2-2 水稻覆膜机插生产效益

生态区	处理	生产成本（元/hm²）	稻谷产量（kg/hm²）	水稻单价（元/kg）	收入（元/hm²）	效益（元/hm²）	比对照增减（元/hm²）
北方	对照	16 432.5	7 486.5	2.8	20 962.2	4 529.7	
	覆膜	13 908.0	6 463.5	4.0	25 854.0	11 946.0	7 416.3
南方	对照	16 117.5	11 400.0	2.5	28 500.0	12 382.5	
	覆膜	16 423.5	11 701.5	2.5	29 253.8	12 830.3	447.8

水稻覆膜机插优势

一、控草

水稻田中的杂草防除是一大难题，如果用喷施化学药剂来防除杂草，会造成环境污染，影响稻米品质；如果进行人工除草，那么生产成本将大大提高。而水稻覆膜栽培模式能有效抑制杂草生长。如表3-1和表3-2所示，南北生态区覆膜栽培均能显著减少杂草群落的种类和密度。南方单季稻在移栽后20天，覆膜处理基本上没有杂草的产生，而对照稻田中有荸荠、鸭舌草和稗草等杂草发生；在移栽后40天，覆膜处理有少量恶性杂草从秧苗插栽的孔穴中和降解膜降解的破损处生长出来，而对照稻田恶性杂草呈爆发性的生长趋势。北方单季稻在移栽后50天，由于膜降解破裂和栽插孔穴的原因，覆膜处理稻田有少量稗草、鸭舌草、莎草和丁香蓼等杂草的发生，而对照稻田的杂草则呈现爆发式的生长（图3-1），覆膜机插杂草防除率可达86%以上。

表3-1　南方覆膜稻田和常规栽培稻田杂草群落密度（浙江富阳 2019）

杂草种类	移栽后20天		移栽后40天	
	EF	CK	EF	CK
	杂草茎数（茎/m^2）	杂草茎数（茎/m^2）	杂草茎数（茎/m^2）	杂草茎数（茎/m^2）
荸荠	-	15.5 ± 2.3	29.9 ± 3.1	91.9 ± 9.8
鸭舌草	-	4.9 ± 1.6	1.4 ± 0.7	16.8 ± 3.0
稗草	-	3.9 ± 2.2	-	5.1 ± 1.7
莎草	-	-	-	1.4 ± 0.5
丁香蓼	-	-	-	2.3 ± 0.7

注：CK为不覆膜处理，EF为覆膜处理。

表3-2　北方覆膜稻田和常规栽培稻田杂草群落密度（吉林通化 2019）

杂草种类	移栽后50天	
	EF	CK
	杂草茎数（茎/m^2）	杂草茎数（茎/m^2）
稗草	8.3 ± 2.4	331.7 ± 13.2
鸭舌草	2.5 ± 1.1	79.1 ± 3.5
莎草	9.2 ± 1.2	30.8 ± 3.5
水葱	-	48.3 ± 18.9
丁香蓼	24.4 ± 3.8	251.7 ± 33.0
空心莲子草	5.8 ± 1.2	22.7 ± 6.9
牛毛草	-	312.5 ± 34.2

注：CK为不覆膜处理，EF为覆膜处理。

图3-1 水稻田不覆膜与覆膜杂草生长情况对比

二、增温

地膜的隔绝作用能有效减少潜热交换，使其具备保温性能、增温作用。研究表明，薄膜增大了对太阳辐射的吸收，并降低水分气化和地面辐射能量的耗散，提高土壤温度（王树森等，1991）。因此，覆膜可有效增加积温，促进水稻早发，提高籽粒产量，也是北方抵抗低温冷害发展水稻生产的新模式。赵静等（2005）研究表明，覆膜处理水稻各生育期的冠层气温都高于对照，且在生育前期增温明显，可高出1.1℃。吴一才等（1987）和石英等（2001）研究表明，覆膜处理5cm土壤积温在水稻生育期内与对照相比提高了250～300℃·天，生育前期土壤日平均温度提高2.6～4.6℃，覆膜种植对于应对水稻低温冷害起着重要作用。我们采用温度实时监测设备（图3-2），研究结果如图3-3所示，在不同的种植制度下覆膜处理对5cm处土壤都有增温作用；但是在不同种植制度之间起到的增温效果不同。对于南方早稻（图3-3A）来说，覆膜在水稻全生育期的增温作用相对平均，且与对照相比，整个生育期土壤日平均增温0.75℃，最大增温2.55℃；北方单季稻（图3-3B）覆膜处理在三种模式中增温效果最好，且增温作用主要集中在生育前期，与对照相比，全生育期土壤日平均增温1.55℃，最大增温达到了6.41℃，且移栽到水稻穗分化期（倒3.5叶）这段时间日平均增温2.76℃；增温效果较差的是南方单季稻覆膜处理（图3-3C），增温效果也集中在生育前期，与对照相比，全生育期日平均增温仅0.13℃，移栽到水稻最高分蘖期这段时间日平均增温0.79℃。

吉林通化

浙江富阳

图3-2　田间湿度实时监测设备

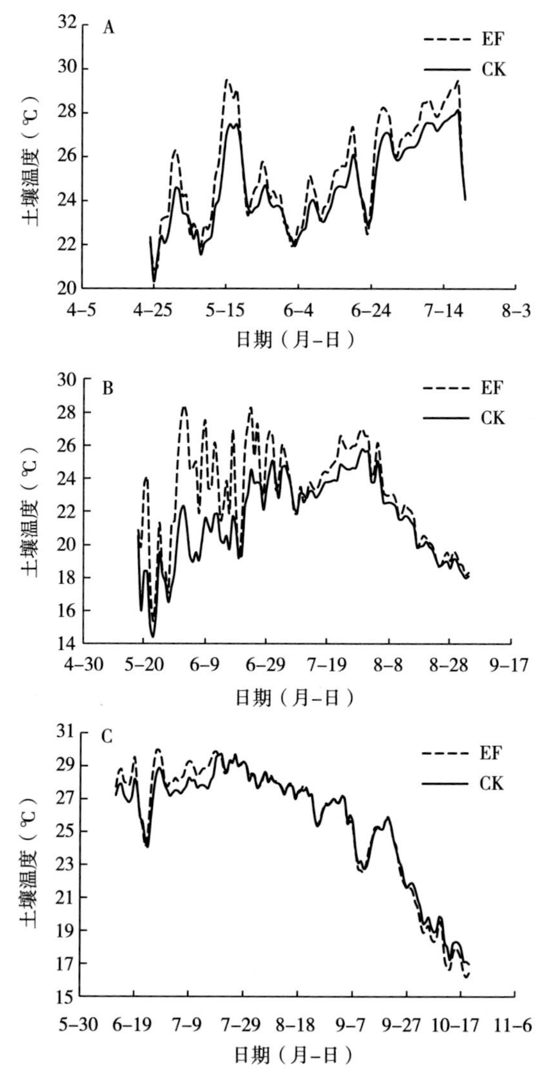

EF为覆膜处理，CK为不覆膜对照；A为南方早稻，B为北方单季稻，C为南方单季稻

图3-3　不同生态区覆膜栽培对稻田土壤5cm处温度的影响

三、节水

我国南方水稻生产耗水量极大，水稻需水主要是生理和生态需水，而生态需水消耗了总需水量的60%～70%（汪强等，2007），通过覆膜栽培方式可以有效降低水稻的生态需水。这是由于地膜覆盖与土壤表面之间组成一个半封闭系统使得水稻生育期内没有长期的水层，所以水分渗漏大大降低。而且土壤和地膜之间形成一个个的小气室使得从土层中蒸发散出的水蒸气会附着在薄膜内侧形成雾气，随着温度下降，水汽会凝成水滴而回落，这样很大程度上减少了土壤水分蒸发的损耗。当植株逐渐封行后地表蒸发减少，以植株蒸腾为主，而覆膜栽培改变了水热状况条件，且显著抑制了棵间蒸发，提高了整体的保水效果（梁永超等，2000），石建初等（2016）研究表明水稻全生育期内，对照的平均灌水量为覆膜处理的2.6倍，黄立华等（2012）研究也指出在盐碱地覆膜种植可较对照节水17%，提高了水分利用率，达到节水种植的目的。覆膜栽培节水效应的机理是多方面的，首先植株、地膜和地表组成半封闭的系统，阻止水汽蒸散，增加表层土壤含水量，从而节水保墒；其次增加水稻叶片中的含水量来减轻水分亏缺的影响。而且茎伤流液量均显著高于对照（梁永超等，1999），这样整体提高了植株水分利用效率。本研究表明：通过沟渠流量计水量统计（图3-4），覆膜种植能够减少水稻生育期内的耗水量，提高水分利用率。如表3-3所示，与CK相比，EF处理减少了水稻移栽后各环节的耗水量，覆膜种植比对照减少耗水32.2%。同时，覆膜种植能有效抑制杂草生长，不需要封闭除草。

图3-4　田间流量计水量计量

表3-3　覆膜栽培与对照的用水量比较（黑龙江农江农场，2019）

（单位：m^3/hm^2）

处理＼用水阶段	泡田整地	插秧后浅水护苗	二次封闭除草	分蘖期第一次补水	分蘖期第二次补水	晒田期	施用穗肥补水	齐穗后补水	合计
CK用水量	1 500	480	525	480	480	0	480	480	4 425
EF用水量	1 500	375	0	375	0	0	375	375	3 000

注：CK为不覆膜处理，EF为覆膜处理。

四、节肥

氮素是水稻生长发育所需矿质营养三要素之首，也是植物体内核酸、磷脂、蛋白质、酶等一系列生物大分子的重要组成元素，因此被称为植物的生命元素，对水稻的产量起着至关重要的作用。近几十年里，氮肥在大幅提高水稻单产和保障国家粮食安全的同时也暴露出很多的问题和隐患，其中随着氮肥施用量的不断增加，水稻单产有了大幅提高，根据肥料报酬递减规律，继续增加氮肥投入，水稻产量增速有了明显降低（张福锁等，2008），使得氮肥投入产出比严重失衡，过量的氮肥施用不仅降低水稻氮肥利用效率，增加整体生产成本，而且还会导致肥料流失，造成生态环境破坏，增加资源环境风险和压力（蔡祖聪等，2014；彭少兵等，2002），但是氮肥的投入又是维持水稻稳产高产的根本措施（朱兆良等，2013）；如何在减少氮肥施用的同时又要保证水稻不减产，甚至增产，就需要在水稻生产中科学适度地降低氮肥投入，提高水稻氮肥利用率（NUE），增加水稻生产效益。覆膜种植能够提高各生育期干物质积累量和氮素积累量，其成熟期氮素积累量在2018年和2019年试验研究中分别增加2.5%和5.8%。氮肥农学利用率（NAE）、氮肥偏生产力（NPP）、氮素生产效率（NPE）和氮收获指数（NHI）会随施氮量的增加而降低，两年结果表现一致；相同施氮量下，覆膜处理与对照相比，能显著提高氮肥农学利用率（NAE）、氮肥回收利用率（NRE）、氮肥偏生产力（NPP）和氮肥干物质生产效率（NMPE）（表3-4）。所以覆膜机插前需要按照品种类型一次性施足生物有机肥或者缓控释肥，肥料用量可以按照当地常规的施肥量减少10%～15%。

表3-4　不同氮肥水平下覆膜种植对水稻氮肥利用率的影响

年份	处理	NAE（kg/kg）	NRE（%）	NPP（kg/kg）	NPE（kg/kg）	NHI（%）	NHPE（kg/kg）
2018	N0	–	–	–	48.2 ± 2.3a	72.4 ± 1.1a	121.6 ± 1.9a
	N1	10.8 ± 0.3c	62.5 ± 2.9b	44.1 ± 0.3c	33.5 ± 0.9c	58.8 ± 1.9c	93.7 ± 1.3c
	FN1	12.6 ± 0.5b	65.9 ± 2.5ab	45.9 ± 0.5b	34.0 ± 0.8bc	59.5 ± 2.4bc	97.1 ± 0.6b
	FN2	14.9 ± 1.2a	69.5 ± 1.9a	55.9 ± 1.2a	36.2 ± 0.8b	63.0 ± 1.7b	94.2 ± 0.9c
平均值		12.8	66.0	48.6	38	63.4	101.7
2019	N0	–	–	–	50.3 ± 2.7a	79.9 ± 0.4a	115.8 ± 0.7a
	N1	15.7 ± 0.8d	73.9 ± 0.5a	48.7 ± 1.6d	34.5 ± 1.0c	74.9 ± 2.7b	86.0 ± 1.6c
	N2	17.1 ± 1.4c	60.8 ± 0.4c	58.7 ± 1.4c	40.9 ± 0.8b	75.3 ± 1.3b	85.9 ± 0.7c
	FN2	20.6 ± 0.6b	69.1 ± 3.5b	62.2 ± 0.6b	41.0 ± 0.6b	73.1 ± 0.8b	95.5 ± 0.6b
	FN3	23.9 ± 0.1.4a	79.9 ± 7.6a	75.1 ± 1.4a	40.6 ± 2.4b	73.7 ± 2.8b	94.0 ± 0.5b
平均值		19.3	70.9	61.2	41.5	75.4	95.4

注：N0、N1、N2为不覆膜机插条件下的施氮量分别为0、240kg/hm^2、195kg/hm^2，FN1、FN2、FN3为生物可降解膜覆盖机插条件下的施氮量分别为240kg/hm^2、195kg/hm^2、158.4kg/hm^2；NAE、NRE、NPP、NPE、NHI和NMPE分别表示氮肥农学利用率、氮肥回收利用率、氮肥偏生产力、氮素生产效率、氮收获指数和氮肥干物质生产效率；同年份同列数据后不同字母表示差异显著（$P<0.05$，$n=3$）。

五、减排

水稻生产是CH_4排放的重要来源之一（Dlugokencky et al.，2017；Khalil et al.，2017），如果通过田间栽培模式和管理手段能够降低甲烷的排放，这将有力推进现在所提倡的水稻生态种植。张怡等（2013）研究表明，覆膜栽培改淹水灌溉为湿润栽培，可改善土壤通气性，并且与常规栽培相比，可减少稻田甲烷季节排放量的（86±4）%。李曼莉等（2003）试验发现水作稻田甲烷的排放总量是旱作稻田的8～19倍，Dong等（2018）在哈尔滨实地研究水氮互作对稻田甲烷排放的影响，结果显示间歇性灌溉与持续的淹水相比，甲烷的排放量显著下降，这可能是由于在间歇灌溉模式下，很难为产甲烷菌创造强的厌氧条件，而导致甲烷产生量减少，利用静态箱法-气相色谱仪（图3-5、图3-6）监测稻田甲烷排放通量，研究发现水稻整个生育期内稻田甲烷日排放量的动态变化曲线具有明显一致的阶段性变化规律，南北生态区的甲烷排放大部分集中在水稻生育前期和中期，不同处理间的差异表现为峰值大小和相对应移栽时间的不同。北方单季稻在生育期内覆膜水稻的甲烷排放通量都小于对照处理，覆膜水稻仅在移栽后66天有一明显的排放高峰，甲烷排放通量为29.7mg/（m^2·h），而对照在移栽后38天和52天均出现明显的排放高峰，甲烷排放通量分别为50.6mg/（m^2·h）和88.2mg/（m^2·h）。南方单季稻甲烷排放通量变化规律较为复杂，覆膜处理和对照在生育期内出现了三个明显的排放峰，在移栽后15天，覆膜处理与对照出现第一个排放高峰，甲烷排放通量分别为7.8mg/（m^2·h）和24mg/（m^2·h）；在移栽后27天，覆膜处理与对照出现第二个排放峰，甲烷排放通量分别为19.5mg/（m^2·h）和33.7mg/（m^2·h）；在移栽后57天，覆膜处理与对照出现第三个排放峰，甲烷排放通量分别为15.5mg/（m^2·h）和9.6mg/（m^2·h）。前两个排放峰的甲烷排放通量对照均大于覆膜处理，而第三个排放峰甲烷排放通量覆膜处理大于对照，在这之后，甲烷排放没有出现明显的排放高峰，且排放通量都相对较低（图3-7）。

图3-5　利用静态箱采集田间温室气体

图3-6　利用气相色谱仪测定田间温室气体

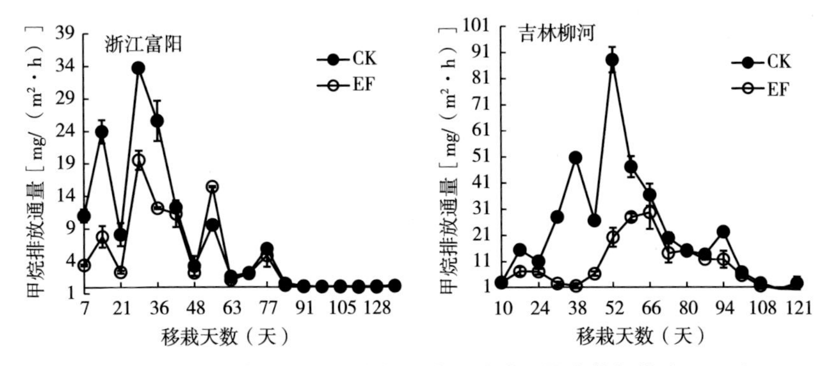

图3-7 不同生态区水稻生育期甲烷日排放通量变化规律（2018）

（注：CK为不覆膜处理，EF为覆膜处理）

六、增产

覆膜栽培由于地膜的增温效应使水稻生育前期生长处于较为适宜的环境条件下，刺激腋芽的萌发，促使前期低位分蘖快速形成，增加基本苗，提高最终有效穗数，从而提高产量，尤其在中、高海拔地区及低温冷浸田和光热严重不足的地区增产效果更为明显。北方单季稻覆膜处理与对照相比成熟期提前7天，南方单季稻覆膜处理和对照相比均提前3天（图3-8）。胡国辉等（2020）研究表明：南北生态区覆膜处理均显著提高了水稻产量，但对产量构成因素影响有所不同，与对照相比，南方早稻和北方单季稻覆膜处理显著增加了单株有效穗数和千粒重，北方试验田实测产量增产8.7%，南方早稻田间实测产量增产7.9%，南方单季稻覆膜水稻显著增加了穗粒数和千粒重，但实测产量增产仅2.4%。由此可见，通过生物可降解膜覆盖，南方北方生态区水稻千粒重都有增加，但北方单季稻及南方早稻增产主要贡献是增穗增产，南方单季稻主要是依靠增加穗粒数增产（表3-5）。

表3-5　不同生态区覆膜栽培对水稻产量及其结构的影响

生态区	处理	单丛有效穗数	穗粒数	结实率（%）	千粒重（g）	理论产量（kg/hm²）	实际产量（kg/hm²）
南方早稻	CK	10.6b	120.8a	86.4a	25.6b	7 577.3b	7 528.5b
	EF	11.5a	123.3a	87.9a	26.5a	8 797.3a	8 127.0a
北方单季稻	CK	20.7b	86.0a	82.4a	25.6b	6 196.5b	5 121.0b
	EF	22.8a	85.0a	82.3a	26.6a	7 000.5a	5 572.5a
南方单季稻	CK	11.5a	297.3b	78.8a	21.2b	11 910.0b	10 593.0b
	EF	11.5a	307.8a	78.6a	22.1a	12 820.5a	10 845.0a

注：EF为覆膜处理，CK为不覆膜对照，a、b表示同一生态区处理之间在5%水平上差异显著。

图3-8　覆膜机插（左）与对照机插（右）水稻成熟度差异

七、提质

在不同生态区，生物可降解膜覆盖机插对稻米品质的影响有所不同。如表3-6示，南方早稻覆膜（EF）处理与对照（CK）相比，降低了糙米率和精米率，提高了整精米率，但均未达到显著水平；北方单季稻覆膜处理与对照相比显著提高了糙米率和精米率，整精米率没有显著差异；南方单季稻覆膜处理显著提高了整精米率，糙米率和精米率没有显著差异。胶稠度、碱消值和直链淀粉含量，南北生态区覆膜水稻与对照之间的差异没有达到显著水平，但对于蛋白质含量，北方单季稻覆膜处理较对照提高9.5%，差异显著，南方早稻和单季稻均没有显著差异（表3-7）。综合表明，南北覆膜水稻均能显著提高稻米加工品质，且北方单季稻覆膜处理显著提高了稻米营养品质。

表3-6　覆膜栽培对水稻加工品质的影响

生态区	处理	糙米率（%）	精米率（%）	整精米率（%）
南方早稻	CK	79.8a	70.8a	59.1a
	EF	78.8a	69.8a	59.4a
北方单季稻	CK	81.4b	68.9b	58.9a
	EF	82.1a	69.6a	58.5a
南方单季稻	CK	83.7a	75.5a	65.9b
	EF	83.8a	76.0a	66.7a

注：EF为覆膜处理，CK为不覆膜对照，a、b表示同一生态区处理之间在5%水平上差异显著。

表3-7　覆膜栽培对水稻蒸煮及食味品质的影响

生态区	处理	胶稠度（mm）	碱消值	直链淀粉含量（%）	蛋白质含量（%）
南方早稻	CK	79.5a	6.0a	15.6a	9.9a
	EF	78.5a	6.0a	16.1a	8.7a
北方单季稻	CK	79.0a	7.0a	18.9a	6.3b
	EF	77.5a	7.0a	18.6a	6.9a
南方单季稻	CK	66.0a	6.9a	15.9a	7.5a
	EF	66.0a	6.9a	15.9a	7.5a

注：EF为覆膜处理，CK为不覆膜对照，a、b表示同一生态区处理之间在5%水平上差异显著。

覆膜机插作业

一、秧苗培育

（一）育苗前准备

1. 品种选择

选择适宜于当地种植推广及适合机插的优质高产水稻品种（图4-1）。种子质量符合GB 4404.1和GB/T 3543.4标准，要求净度98%以上，杂交稻种子发芽率80%以上，常规稻种子发芽率85%以上。由于水稻机械覆膜插秧可提高地温，增加积温，品种的生育期可适当长些，提早播种。

图4-1　种子准备

2. 种子处理

浸种前晒种1～2天。播种前3～4天浸种，浸种时先用清水选种，再放入25%“多菌灵”（或强氯精等，但应按要求的剂量和浓度使用）1 000倍液中消毒24h，然后捞起种子用清水冲洗干净，继续用清水浸泡48～72h待种子充分吸足水分后（注意每24h换水一次，图4-2），即可催芽（图4-3）。催芽温度应控制在30～32℃，种子露白即可播种，做到种子出芽快、齐、匀、壮。

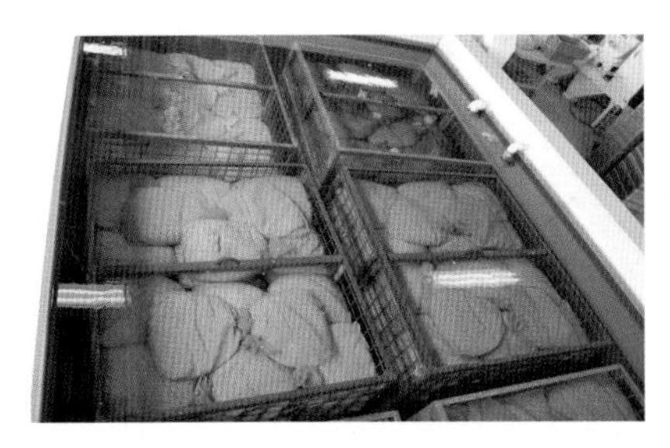

图4-2　种子浸种

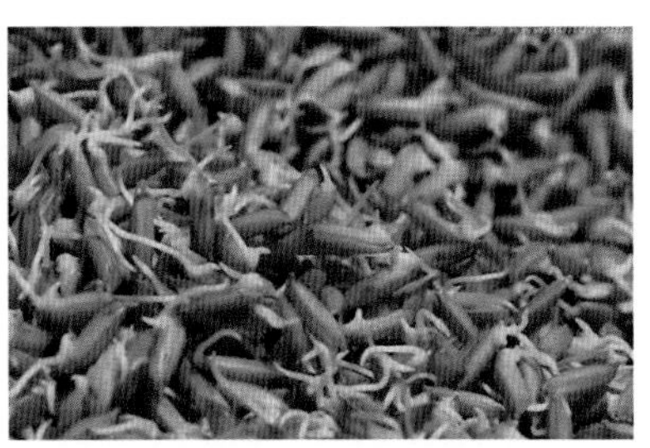

图4-3　种子催芽

3. 育秧土及苗床准备

育秧土选用无除草剂、无高残留农药的偏酸性肥沃的壤土，要求土壤pH值4.5～5.5，粒径不得大于5mm；有条件地区可选择正规企业生产的水稻专用育秧基质育秧（图4-4）；苗床地应选取背风、干燥、平坦、向阳、水源方便、上茬未施用过除草剂的田块，苗床地面积按秧本田比例为1∶（80～120）。

图4-4　育秧基质准备

（二）播种

根据种量的多少，可选择人工播种或流水线播种。依据各地水稻机插秧适宜播种期合理安排（图4-5），一般南方早稻在3月中下旬播种，秧龄25～30天；单季稻5月10—30日播种，南方单季稻播种期以5月15—25日为宜，秧龄掌握在15～18天，前期早播气温低，秧苗生长缓慢，可适当长至20天；北方单季稻播种期宜在4月15—25日，秧龄30～35天。播种后采用叠盘出苗育秧（图4-6）。

图4-5　芽苗人工播种

图4-6　播种后叠盘育秧

（三）苗期管理

按照水稻机插秧苗期管理要求进行管理（图4-7）。水分管理除苗床过干处补水外，一般1叶1心前少浇或不浇水，使苗床保持旱育状态。1叶1心后，要保持床土湿润不发白、秧苗挺拔，若早晨叶尖吐水少或无吐水现象，或中午心叶卷叶时，应及时补充水分、一次性浇透。在肥料管理方面，移栽前2天视苗色施用一次起身肥，如苗色偏黄，北方每平方米使用硫酸铵25g，施肥后浇一次水，避免化肥烧苗（有机水稻按照有机水稻要求施肥），南方每667m^{2}苗床可用尿素4～5kg兑水500kg喷浇，以保持苗色青绿，叶片挺健青秀，一般在傍晚进行。病虫害管理方面根据秧苗的病虫害发生情况，合理化学防治。栽前要进行一次药剂防治工作，做到带药移栽，一药兼治。

图4-7　田间秧苗

（四）秧苗要求

覆膜机插育壮秧，符合表4-1指标规定。

表4-1　不同季节水稻机插壮秧标准

类型	秧龄（天）	苗高（cm）	叶龄（叶）	茎基宽（≥mm）	地上部百苗干重（g/100株）	病株率（<%）
早稻	25～30	20～25	3.5～4.0	2.0	3.0～3.5	0.1
南方单季稻	20～25	20～25	3.5～4.0	2.5	3.5～4.0	0.1
北方单季稻	30～35	20～25	3.5～4.0	2.0	3.0～3.5	0.1

二、整地及施肥

1. 施足底肥

按照绿色或有机水稻本田要求，因地因土因种施肥，一次性施足底肥，一般采用缓控释肥或生物有机肥，每667m^{2}南方早稻施纯氮8～10kg、南方单季稻施纯氮12～16kg、北方单季稻施纯氮7～8kg。

2. 精细整地

灌水泡田后进行翻耕（图4-8），翻地深度要适宜，土壤要细碎无土块、耙后平整，并清理出田面稻茬和秸秆，防止其顶破地膜。整地一般在插秧前7～15天开始，放水泡田之前先旱找平，泡田3～5天进行水整地，田面要求达到平整，即格田内高低差不大于3cm，泥脚深度不大于25cm，达到灌水棵棵到、排水处处干的要求。根据土质沉淀12～72h后覆膜机插。覆膜机插24h内排水，≥70%田面无存水，有水处水深≤3cm。

图4-8　整地

三、覆膜机插

1. 生物可降解膜类型及用量

生物可降解膜符合国标GB/T 35795规定。选择生物可降解地膜幅宽为1.85～1.95m，厚度0.01mm为宜，每667m^{2}用量长约360m（图4-9）。

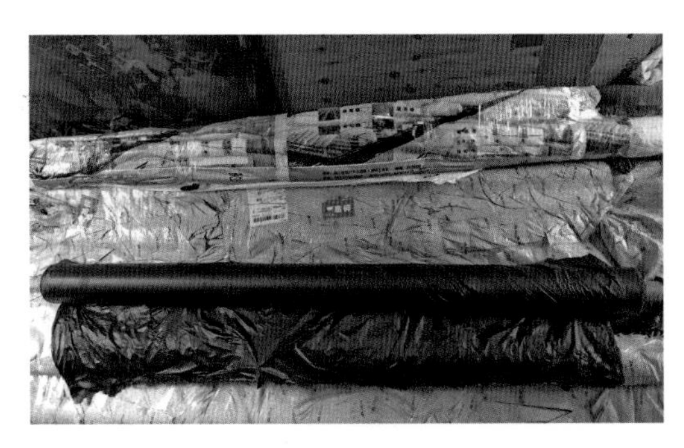

厚度0.01mm

厚度0.009mm

图4-9　不同厚度的生物可降解膜

2. 覆膜方法

高速插秧机和覆膜机配套使用，高速插秧机上加挂起畦、覆膜、打孔、堰膜等覆膜装置，实现了起畦、覆膜、打孔、插秧、堰膜一次性完成。生物降解膜放在覆膜装置上，边覆膜边机插，覆膜与机插同步进行。到地头后，先将地膜用泥土压好，然后用壁纸刀或专用切膜工具把地膜割断并用手卷起拖地的地膜，再抬起插植部件。插秧从田地一边开始，地头留出4.2m能够横插2趟的距离，在机插的起始、调头转弯或换膜时，需将膜的端部压入泥土起固定作用。两个相邻畦面之间距离间隔40～50cm。

3. 机插密度

根据不同季节、不同类型品种、不同插秧机行距，确定种植规格及株距，株距调整范围为12～21cm。

4. 开沟蓄水

根据插秧机有效宽度确定畦面，一个畦面为一个插秧机有效宽度，如6行或8行；覆膜机插后，未覆膜的衔接处容易孳生杂草，采用开沟机在未覆膜接行处进行开沟作业，一般沟宽为40cm左右、沟深20cm左右，旱可以灌水，涝可以排水，水稻覆膜机插后保持畦沟里有水，畦面无水即可，一般1～3天无须灌水，之后如土壤含水量低于95%则进行浅水漫灌，畦面水深≤3cm，如遇多雨天气，应及时排水。

图4–10　开沟机开沟

第五章 覆膜配套栽培技术

一、水分管理

水田耙地后覆膜机插地块应排干水田中的水。不同类型的土壤等待12～36h，及时进行覆膜机插作业。地膜覆盖具有保水、减少水分蒸发的作用，插秧前不需保持水层。插秧后，要及时补苗，及时灌水，薄膜面上有一薄层水，畦沟满水，畦面基本无水（图5-1）。返青后沟内有水，膜面无水，孕穗期保持浅水层，抽穗至收获期水分管理与常规种植水稻相同，灌浆期间间歇给水。整个生长期内做到沟中有水，保证畦面膜内土壤湿润。

图5-1　覆膜沟中的水分状况

二、施肥管理

水田耙地前覆膜机插与普通机插栽培技术相同，有机肥料作底肥一次使用，穗肥看苗施肥。一般情况下，生物可降解地膜的降解诱导期为25 ~ 30天，完全降解时间为60 ~ 150天，在膜完全降解后，根据田间水稻生长状况，若叶色浓绿、生长量较大，不施任何肥料，若叶片较黄需及时补施肥料。

三、病虫草管理

覆膜水稻由于地膜覆盖，可以抑制杂草，同时田间通风透光、湿度低，病虫草为害明显减轻。病虫害主要注意纹枯病、稻曲病、稻瘟病和螟虫、稻飞虱、稻纵卷叶螟的防治，沟中少量杂草采用人工拔除，不施用化学除草剂，病虫防控按照绿色有机水稻栽培要求进行管理，鼓励应用生物、物理、生态等农业技术措施防控。

四、收获

当多数穗颖壳变黄，小穗轴及护颖变黄，水稻黄化完熟率95%以上时为收获适期。一般早稻收获期为齐穗后25 ~ 30天；单季稻为齐穗后40 ~ 50天。

第六章 常见问题及对策

一、覆膜机插漏秧问题

症状：机插秧本身由于用机械代替人工栽插，加上田面覆了一层膜，如果秧苗过小或育秧中播种不均匀及出苗差异等，造成覆膜机插的部分穴没有秧苗，或秧苗过小，埋在膜下面，造成漏秧现象（图6-1）。研究表明，漏秧率在5%以下对水稻产量影响较小，漏秧率超过10%时，多数品种产量下降，需要补秧。

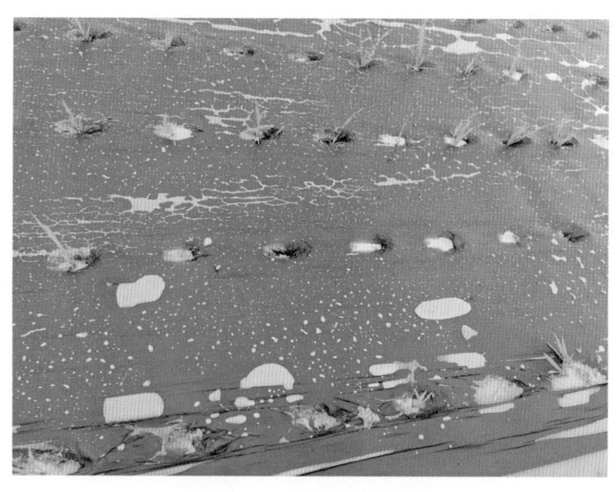

图6-1　覆膜机插漏秧

发生原因：覆膜机插漏秧受田块平整度、秧苗高度、播种量、秧苗质量和作业机械等因素影响。田块平整度影响机械作业和覆膜质量，如膜覆盖下面凹凸不平，秧苗插下去太深或太浅，漏秧率会提高；育秧时播种量少，播种不均匀，单位面积的秧苗数少，秧盘有的区块没有秧苗，机插没有抓到苗，造成漏秧；秧苗质量差，出苗不整齐或秧苗太矮，由于膜与土壤不可能全部密合，导致覆膜机插时抓到的秧苗会直接埋在膜下。

防治措施：目前，生产上主要选择发芽率高的种子，增加播种量。提高播种均匀性和出苗率，及增大机插取秧量等方法，减少漏秧发生。种子发芽率正常的情况下，保证机插秧播种量在70g/盘（规格58cm×28cm×2.8cm秧盘，一般称为9寸秧盘）以上。通过机械实现均匀播种，采用机插叠盘出苗育秧技术，提高出苗率；加强出苗期水分和温度管理，确保出全苗，并使单位面积内秧苗数均匀，且秧苗高度一般要在20cm以上；在耕整地方面，要求做到“平整、洁净、细碎、沉实”，耕整深度均匀一致，田块平整，地表高低落差不大于3cm；田面洁净，无残茬、无杂草、无杂物、无浮渣等；土层下碎上糊，上烂下实。一般沙土沉实1天，壤土沉实2天，黏质土沉实3～4天，有机质含量高的田块沉实时间更长。另外，要留部分秧苗，在覆膜机插后及时进行人工补缺，以减少漏秧率和提高插秧均匀度，确保基本苗数。

二、覆膜机插倒秧问题

症状：水稻秧苗覆膜机插秧后，秧苗浮在地膜上没插进穴孔内，直接倒在膜上，造成秧苗干枯死亡，严重影响水稻产量（图6-2）。

图6–2　覆膜机插倒秧

发生原因：发生倒苗的原因有膜本身的因素，也有机具操作调试不当的因素。使用的膜过厚，打孔器田间打孔不穿透，秧苗插不进去；插秧机和覆膜机打孔器没调正，打孔插秧对不上，秧苗倒在膜上面；覆膜机打孔器拔针过短，需要更换拔针；插秧过浅，取样量过大，苗在膜上没法站立；地膜被拉动错位，造成秧苗下插与打孔不一致，无法入土入膜。

防治措施：选择生物可降解地膜幅宽为1.85～1.95m，厚度宜为0.01mm，不能太厚；在插秧前，要调正打孔器，根据田块平整度及秧苗长度选择适宜长度的打孔器拔针；根据田块沉实度调整插秧深度，覆膜机插，在刚开始机插时，需要将膜压入田里，压紧压实，以防膜随插秧机启动而滑动，需要压紧顶头膜入土，调慢插秧速度，防止膜移动影响插秧质量。

三、地膜漂浮滑动压秧问题

症状：覆膜秧苗插好后，灌浅水活棵，此时插好的秧苗被压在膜下面，主要原因是由于地膜漂浮滑动，秧苗被覆盖在膜下面，容易造成秧苗闷死发黄，严重影响水稻产量（图6-3）。

图6-3 地膜漂浮压苗

发生原因：发生地膜漂浮压苗的主要原因是：田块本身的问题，田面过硬，有水容易滑动或是田面水过多，膜顶头及两侧没有压好，还有就是插秧速度过快或插秧机行走路线不直等都容易造成膜孔移动压秧。

防治措施：防止田面过硬或过软，应等沉淀好再插秧；田面水多时应排净水，查看插秧田块是否有杂草，有杂草要及时清除，压好顶头及两侧的膜；防止地膜滑动，刚开始插秧时需人工压住地膜并用泥土压实，直到插秧机行走到一定距离，地膜不再被牵引滑动为止；使用规定的地膜，地膜弹性不宜过大；插秧机行走路线尽量保持直线，插秧速度适宜，不宜过快。

四、覆膜移栽时稻床淹泥水问题

症状：覆膜秧苗插好后，稻床最边的一趟秧苗被稀泥埋住或床面被泥水淹没，膜面无水时，容易造成土壤干裂，影响移栽苗返青（图6-4）。

图6-4　覆膜插秧时稻床淹泥水

发生原因：两个床面之间距离过小，田面过软，易发生移栽时稻床淹泥水，尤其是稻床最边上的2行被淤泥覆盖。

防治措施：防止田面过软，一定要等稻田土壤沉淀好再插秧；田面水多时应排净水，两个床面之间距离不宜过小，应在40cm左右。

五、覆膜机插时地膜断裂问题

症状：覆膜机插时，膜断裂，不仅影响插秧速度，增加人工，也影响覆膜机插的完整度（图6-5）。

图6–5　覆膜插秧过程中地膜断裂

发生原因：田不平，易出现壅泥，产生断膜；本身地膜过脆，弹性和韧性不够；地膜磙子和支撑杆之间的杂物易导致机插地膜磙子卡死，产生断膜。

防治措施：覆膜机插一定要平整田块，清除田间杂物；选用有一定弹性和韧性的专用地膜。

六、覆膜机插畦间杂草问题

症状：覆膜机插田块，由于畦面覆膜，杂草基本上没有，覆膜机插水稻基本上不打除草剂和农药，所以畦面的沟中杂草生长旺盛（图6–6）。

发生原因：覆膜机插行距30cm，一般种植6行，株距可以根据品种及需要调整（12～21cm）。6行为一畦面，畦面与畦面之间没有膜覆盖容易孳生杂草。

图6–6　覆膜间杂草生长

防治措施：采用开沟机开沟蓄水，以水压草。覆膜种植好以后，采用小型开沟机进行畦面之间沟的深开，一般沟为40～50cm宽，沟深20cm左右，水稻种植好以后，保持沟里有水、畦面无水即可。

第七章 研究前景与展望

水稻生物可降解膜覆膜机插技术具有节水抗旱、增温保墒、减肥增效、抑制杂草、防治病虫害、减排固碳等诸多优点，为水稻的绿色生态和高产高效生产提供了新的途径。目前该技术在我国发展较快，2018年以来在浙江、黑龙江、吉林、江苏、上海等地都有应用。2018—2020年，在吉林国信米业公司通化柳河试验基地，采用该技术小面积实收每公顷增产8.7%，对稻田温室气体排放强度降幅达56.0%；有机碳含量增加27.1%，CH_4排放量降幅52.4%。2018—2020年，在浙江省富阳区，采用该技术小面积实收每公顷增产4.1%，对稻田温室气体排放强度降幅达46.6%；CH_4排放量降幅43.5%。在生产应用中，该项技术需要进一步研究与完善以期更广泛地应用于水稻生产。水稻覆膜机插技术在逐步完善其机械设备，提高生产效率，以适应更广泛地区的水稻生产。关于水稻覆膜栽培技术，还需关注以下问题。

一、可降解膜与水稻生长期相匹配的特性

未来可降解膜会逐步取代常规的普通地膜。但随着生产研究的深入，对生物可降解膜本身的特性需要进一步了解，其降解特性需

符合作物生长的周期与规律。众所周知，水稻类型多，生育期差异大，种植面积广，生产中由于各地区温光资源、品种、耕作方式不同而存在很大差异，所需膜的覆盖天数不一样，需要多样性的膜进行匹配，以此来满足不同条件下覆膜栽培的需求。

二、覆膜插秧机械的逐步完善

我国是一个农业大国，农业发展中劳动力短缺问题已越发突出。因此，大田生产机械化和轻简化，尤其是提高种植机械化方面一定是未来的发展方向。我们现在所见到的覆膜插秧机基本都是由普通的插秧机改装和加装覆膜机而成，在覆膜过程中，覆膜机对田块的平整度要求较高，且覆膜插秧较常规机插速度慢（图7-1）。所以通过农机农艺相结合改进和完善覆膜插秧机对未来该技术的大规模应用有着重要的影响。

图7-1　覆膜机覆膜

三、水稻覆膜栽培技术尽可能降低膜的生产成本

其成本不仅体现在膜的成本，还体现在生产中由于覆膜应用较常规机插人力、能耗、时间等成本增加，因而迫切需要进一步改进膜的生产工艺，降低膜的价格。目前来看，覆膜技术最好与有机稻种植相结合，发展优质绿色稻米，增加产值，以达到可持续生产的目的。

四、水稻覆膜栽培技术与其他新技术的综合应用

覆膜能够提高地温，加速土壤有机质的矿化和氮的释放，多项研究表明覆膜会降低土壤有机质含量。面对这种状况，前人已探索多种方式与覆膜相结合，如秸秆还田配合覆膜、新型肥料的施用配合覆膜，这会对土壤有良好的改良作用；还可以通过施用新型肥料如生物炭与覆膜相结合（图7–2），覆膜由于其湿润栽培，能够有效缓解生物炭施用中在田面的流失，同时生物炭也能够缓解土壤有机质的矿化，使该栽培技术能够持续稳定发展。

图7–2　炭基肥

中国农业科学技术出版社
官方微信公众号平台
责任编辑 白姗姗
封面设计 孙宝林 高 鋆
ISBN 978-7-5116-4859-4
9 787511 648594 >
定价：48.00元

水稻机械化生产技术丛书

水稻覆膜机插栽培技术图解

张玉屏 陈惠哲 等 著

中国农业科学技术出版社